工程训练（Ⅱ）报告

高强 主编

天津大学出版社
TIANJIN UNIVERSITY PRESS

内容简介

本书主要内容包括:工程训练(Ⅱ)安全总则,工程训练(Ⅱ)学生守则,工程训练(Ⅱ)安全教育试卷,电子工艺实训报告与电工技术实训报告。本书适用于普通高校工科各专业工程训练(电工电子实训),也可用于非工科专业学生选修。

图书在版编目(CIP)数据

工程训练(Ⅱ)报告 / 高强主编. — 天津 : 天津大学出版社, 2019.1
ISBN 978-7-5618-6354-1

Ⅰ.①工… Ⅱ.①高… Ⅲ.①机械制造工艺－高等学校－教材 Ⅳ.①TH16

中国版本图书馆CIP数据核字(2019)第023446号

出版发行 天津大学出版社
地　　址 天津市卫津路92号天津大学内(邮编:300072)
电　　话 发行部:022-27403647
网　　址 publish.tju.edu.cn
印　　刷 天津泰宇印务有限公司
经　　销 全国各地新华书店
开　　本 185mm×260mm
印　　张 1.5
字　　数 31千
版　　次 2019年1月第1版
印　　次 2019年1月第1次
定　　价 20.00元

编委会成员

目　录

工程训练(Ⅱ)安全总则 …… 1
工程训练(Ⅱ)学生守则 …… 2
安全教育试卷 …… 3
电子工艺实训报告 …… 5
电工技术实训报告 …… 11

姓名:__________ 学号:__________ 班级:__________

我已经认真阅读了《工程训练(Ⅱ)安全总则》和《工程训练(Ⅱ)学生守则》,特别是通过安全教育认识到了安全和纪律的重要性,在实训过程中我将自觉地遵守《总则》和《守则》的要求。

(如确已阅读,请将上述语句在下面空白处抄写一遍。)

签名:

日期:

工程训练(Ⅱ)安全总则

第一条 必须牢固树立"以人为本,安全第一,预防为主"的思想,所有参与工程训练(Ⅱ)实训的人员必须加强法制观念,认真执行国家有关安全生产、劳动保护相关的政策、法令、规定。

第二条 严格遵守学校及中心的安全技术操作规程和各项工程训练规章制度。

第三条 尊重实训指导教师,认真听课,虚心接受辅导,服从分配。

第四条 严格遵守安全劳动纪律和操作规程,实训期间不许从事一切与实训无关的事。使用计算机操作时,严禁私自下载或删改文件。

第五条 实训期间未参加安全教育课者应暂停实训,待补课后方能上岗。实训期间请假应持医院假条或学院请假证明并经中心批准,否则,按旷课处理。凡实训期间请假时间超过全部实训时间的三分之一以上(含三分之一)者,或旷课两天以上(含两天)者,实训成绩以零分计。

第六条 未经允许,不得使用任何仪器设备。要爱护国家财产,在实训指导教师的指导下,正确使用仪器设备和工具,并做好维护清洁工作,如果造成损坏,视原因及损坏程度由责任人承担修理费用,无故丢失照价赔偿。

第七条　按照要求对设备进行检查。操作中如发现仪器设备出现不正常情况,应立即停止操作,并及时报告实训指导教师。若遇紧急情况时应立即按急停键或关掉电源,听从实训指导教师指挥,按顺序撤离实训教室。

第八条　各种消防器材、工具应按消防规范设置齐全,不准随意动用;安放地点周围,不得堆放其他物品。

第九条　随身携带教材和报告,实训过程中要独立完成实训任务和撰写报告。

第十条　保持操作现场的整洁,做到文明实训。

工程训练中心

二〇一八年九月制定

工程训练(Ⅱ)学生守则

第一条　学生进入实训场地,必须严格遵守各项规章制度,按所用设备的安全操作规程操作,杜绝违章操作。

第二条　遵守纪律,不允许在实训场地吵闹、打逗、吃零食、使用手机做与实训内容无关的活动,保证实训教学正常进行。

第三条　听从指导教师安排,未经许可不得操作任何设备。若遇紧急情况时应按急停键或关掉电源,听从实训指导人员指挥,按顺序撤离实训教室。

第四条　不准穿凉鞋或拖鞋(皮拖)、裙子或短裤进入实训场地,实训过程中女同学必须戴工作帽。树立安全第一的意识。

第五条　每天实训结束时,应听从实训指导教师安排,做好场地清洁。

工程训练中心

二〇一八年九月制定

安全教育试卷

姓　　名:__________　学　　号:__________　实训时间:__________
学　　院:__________　专　　业:__________　班　　级:__________

项目	一	二	三
得分			

一、判断题(请涂卡，30分,每题3分。对应答题卡中第二部分判断题1~10题。)

得分	

1. 实训前必须准时参加安全教育,才能进行实训。(　　)
2. 严格遵守《工程训练中心安全总则》和中心、学校及其他有关规定。(　　)
3. 实训过程产生的杂物丢到工位的抽屉里或工具箱里。(　　)
4. 未经指导教师同意,私自触碰、操作实验室仪器设备。(　　)
5. 爱护公物,注意安全,认真听课,发挥创新,积极建言,完成实训。(　　)
6. 严格遵守实验室安全操作规程,禁止任何位置吸烟。(　　)
7. 进入机房需自带优盘,遵守机房安全制度。(　　)
8. 必须携带专用空白实训报告、教材、文具等。(　　)
9. 实训期间,实训现场禁止接听、玩手机。(　　)

10、着装整齐,凡长发不扎、穿拖鞋、短裤、裙子禁止参加实训。(　　)

二、填空题(30分,每空3分)

得分	

1. 实训开始时先清点________和__________不得随意调换。发现问题,及时报告。

2. 完成接线操作后,相邻工位的学员相互检查后,经____________许可后方可接通电源或启动设备。

3. 实训过程中，仪器设备发生故障或损坏，首先__________并报告指导教师及时处理。

4. 实训结束后将________、________、________整理复原，垃圾分类处理，经教师检查合格后，方可离开。

5. 认真完成__________，遵守__________要求。

6. 学生实训意见反馈及中心主任接待日为______________。

三、简答题（40分）

得分	

1. 结合电工电子实训动员所介绍的具体内容（如：加工工艺、设计标准、操作规范等）叙述实训的教学目的及要求。

电子工艺实训报告

姓　　名:__________　学　　号:__________　实训时间:__________

学　　院:__________　专　　业:__________　班　　级:__________

项目	一	二	三
得分			

一、主观题(50分)

得分	

1. 简述手工锡焊五步法。(20分)

2. 常见焊点缺陷及分析。(30分,每空2分)

焊点缺陷	外观特点	危害	产生原因
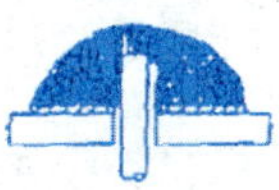 焊料过多			

焊点缺陷	外观特点	危害	产生原因
 焊料过少			
 过热			
 虚焊			
 拉尖			

二、单项选择题(30 分,每题 1 分。对应答题卡中第一部分选择题 1~30 题。)

得分	

1. 常用电阻器的允许偏差有 ±5%、±10%、±20%,分别用字母(　　)标志它们的精度等级。

A.J、N、M　　B.J、K、M　　C.K、J、M　　D.J、M、K

2. 贴片阻容元件一般以外形尺寸来标注其规格,标注为 0805 的元件长宽分别为(　　)。

A.2.0 mm,1.25 mm　　B.1.0 mm,0.5 mm

C.0.08 mm,0.05 mm　　D.3.2 mm,1.6 mm

3. 无铅焊接用的焊料基体是(　　)。

A. 银　　B. 金　　C. 锡　　D. 铅

4. 对于小外形集成电路(SOIC)允许的贴装偏差是:必须保证引脚宽度的(　　)在焊盘上,否则为不合格。

A.1/2　　B.2/3　　C.3/4　　D.4/5

5. 标识为 203 的贴片电阻,其阻值应该是(　　)。

A.200 Ω　　B.2 KΩ　　C.20 Ω　　D.20 KΩ

6. 漏感是指没有耦合到磁心或其他绕组的(　　)。

A. 能量　　B. 剩余电感　　C. 电感量　　D. 电流能量

7. 关于助焊剂的作用叙述错误的是(　　)。

A. 除去氧化膜

B. 防止加热时氧化

C. 增大表面张力,增加焊锡流动性,有助于焊锡浸润

D. 使焊点美观,合适的焊剂能够整理焊点的形状,保持焊点表面光泽

8. 焊接时间太短会使焊接出现(　　)。

A. 加热时间不足,会造成焊料不能充分浸润焊件形成夹渣、虚焊等

B. 液态焊锡过热,烙铁撤离时易造成拉尖

C. 松香焊剂在温度高时容易分解炭化,失去助焊剂作用

D. 印制电路板上的铝箔受热破坏粘合层,导致印制电路板上铜箔的剥落

9. 电子产品调试的首要任务是(　　)。

A. 保证实现产品设计的技术要求　　B. 提高产品生产效率

C. 降低成本　　D. 节能环保

10. PROTEL 的主要功能是,使用设计管理器、(　　)、设置访问权限、方便调用设计工具、同步设计和电路仿真信号分析。

A. 程序设计管理　B. 方便调试管理　C. 自动绘图管理　D. 文档统一管理

11.(　　)以下频率,是低频接插件通常适合的频率。

A. 90 MHz　　B.80 MHz　　C.100 MHz　　D. 120 MHz

12. 焊锡丝直径有 0.5 mm、0.8 mm、0.9 mm、1.2 mm、(　　)、2.0 mm。

A.1.3 mm　　B.1.4 mm　　C.1.5 mm　　D 1.8 mm

13. 按照电子行业的部颁标准,覆铜板材的标准厚度有 0.2 mm、(　　) 0.8 mm、1.6 mm、3.2 mm 等。

A. 0.3 mm　　B. 0.4 mm　　C.0.5 mm　　D. 0.6 mm

14. 元器件的安装固定方式有立式安装和(　　)两种。

A. 卧式安装　　B. 并排式安装　　C. 跨式安装　　D. 躺式安装

15. 焊盘的形状有(　　)、圆形和方形焊盘。

A. 椭圆形　　B. 空心形　　C. 梅花形　　D. 岛形

16. 焊件为集成电路时,应选用的烙铁头温度为(　　)。

A.400℃ ~550℃　　B.250℃ ~400℃　　C.350℃ ~450℃　　D.550℃ ~630℃

17. 以下哪种杂质对焊料的影响为熔点下降,光泽变差,且硬而脆(　　)。

A. 铋　　B. 铝　　C. 锑　　D. 铜

18. 技术文件的种类、数量随电子产品的不同而不同,总体上分为设计文件

和工艺文件，其中(　　)。

A. 设计文件必须标准化　B. 工艺文件必须标准化

C. 设计文件和工艺文件都必须标准化　D. 管理文件必须标准化

19. 硅二极管的正向压降是(　　)V。

A.0.7　B.0.2　C.1　D.0.5

20. 电容元件表面上标称“474”，则该电容值为(　　)。

A.0.47 μF　B.0.1 μF　C.47 μF　D.100 MF

21. 半导体集成电路是按(　　)分类的。

A. 集成度　B. 使用功能

C. 半导体工艺　D. 制造工艺和结构

22. 在电路图中各元件的图形符号的左方或上方应标出该元器件的(　　)。

A. 图形符号　B. 项目代号　C. 名称　D. 说明文字

23. 将发光二极管制成条状，再按一定的方式连接成“8”既构成(　　)。

A.LED 数码管　B. 荧光显示器　C. 液晶显示器　D. 以上都对

24. 小型电子整机或单元电路板通电调试之前，应先进行外观直观检查，检查无误后，方可通电。电路通电后，首先应测试(　　)。

A. 动态工作点　B. 静态工作点　C. 电子元件的性能 D. 以上都错

25. 电感线圈的品质因数(Q 值)，可定义为(　　)。

A. $Q=L/r$　B. $Q=Lr/\omega$

C. $Q=\omega L/r$　D. $Q=\omega Lr$

26. 电子元器件的主要参数包括参数、规格参数和(　　)。

A. 质量参数　B. 技术参数　C 数据参数　D. 封装形式

27. 电阻器的温度系数越小，则它的稳定性越(　　)。

A. 好　B. 不好　C. 不变　D. 说不清楚

28. SMC 元件的小型化进程(公制)：3225、3216、(　　)、2125、2012、1608、1005、0603。

A. 3200　B.3016　C.2525　D.2520

29. 我们所说的工艺图主要是(　　)、印制板图、印制板装配图、布线图、机壳图和面板图等。

A. 实物接线图　B. 实物装配图　C. 整机接线图　D. 整机工程图

30. 下列说法正确的是(　　)。

A. 导线在电路中工作时的电流要大于它的允许电流值

B. 通电调试一般包括通电观察和静态调试

C. 对于集电电路空的引脚,我们可以随意接地

D. 光电三极管能将光能转变成电能

三、多项选择题 (10 分,每题 1 分。对应答题卡第一部分选择题 31~40 题。)

得分	

1. 电子工艺学有着自己的特点,归纳起来有(　　)。

A 涉及众多科学技术学科　　B. 形成时间较晚,发展迅速

C. 实践性强　　D. 技术信息分散,获取难度大

E. 形成过程较长,不易理解

2. RJ 型金膜电阻的额定功率与最大工作电压的关系正确的有(　　)。

A.0.25 W　250 V　　B.0.5 W　500 V

C.1~2 W　750 V　　D.2~3 W　1 000 V

E.5 W　1 200 V

3. 按照使用范围及用途,电阻器可分类(　　)。

A. 普通型　　B. 精密型　　C 高频型　　D. 高压型

E. 大电流型

4. 电容的基本单位是法拉(F),常用单位是(　　)。

A . 微法　　B. 皮法　　C. 毫法　　D. 纳法

5. 有机介质电容器有(　　)。

A. 纸介　　B. 纤维　　C. 金属化纸介　　D. 有机薄膜

E. 有机纤维

6. 选用电容器时,应注意的问题是(　　)。

A. 额定电压　　B. 标称容量和精度等级

C. 对 tg δ 值的选择　　D. 体积

7. 电感的主要作用是(　　)。

A. 滤波　　B. 耦合　　C. 谐振　　D. 储能

E. 接地

8. 按机械动作的方式分类,有(　　)。

A. 旋转开关　　B. 纽子开关　　C. 按动开关　　D. 拨动开关

9. 正确选用开关及接插件,必须考虑的问题有(　　)几类。

A. 应该严格按照使用和维护所需的电气、机械、环境要求来选择

B. 为保证连通,多余的接触点应并联使用,并联的触点越多越好

C. 焊接时应避免加热时间过长

D. 接线端要防止虚焊或连接不良

10. 电磁式继电器的主要参数有(　　)。

A. 额定工作电压　　B. 吸合电压或吸合电流

C. 直流电阻　　D. 驱动电阻

四、判断题 (10分,每题1分。对应答题卡中第二部分判断题11~20题。)

得分	

1. 电子元器件在工作时,要受到电压、电流的影响,要消耗功率。(　　)

2. 电阻两端的电压加高到一定值时,电阻会发生击穿,这个电压叫极限电压。(　　)

3. 电子元器件的失效率 = 失效数 /(运用总数 × 运用时间)。(　　)

4. 电阻的基本标注单位是欧姆(Ω),电容的基本标注单位是皮法(pF),电感的基本标注单位是微亨(uH)。(　　)

5. 调温式电烙铁有自动和手动调温两种。(　　)

6. 松香很容易溶于酒精、丙酮等溶剂。(　　)

7. 锗二极管的正向电阻很大,正向导通电压约为0.2V。(　　)

8. 同焊锡相比,绕接具有的优点是:可降低成本,节约有色金属。(　　)

9. 元器件在印制板上的固定,是靠引线焊接在焊盘上实现的。过孔的作用是连接不同层面的电气连线。(　　)

10. 对于电子元器件来说,寿命结束,叫做失效。(　　)

电工技术实训报告

姓　　名:__________　学　　号:__________　实训时间:__________
学　　院:__________　专　　业:__________　班　　级:__________

项目	一	二	三
得分			

一、主观题(50分)

得分	

1. 什么是安全电压?(20分)

2. 当电气设备出现故障时,工程技术人员如何进行排查?(30分)

二、单选题(50 分,每题 1 分。对应答题卡第一部分选择题 41~90 题。)

得分	

1. 导线绝缘层破损后和导线接头连接后均应恢复绝缘。恢复后的绝缘强度(　　)原来的绝缘层。

A. 不应低于　B. 低于　C. 等于　D. 忽略

2. 铝导线的铝芯极易氧化,而表面形成的氧化铝膜的电阻率(　　),所以铝导线不能采用铜导线的接合连接方法。

A. 很高　B. 很低　C. 忽略　D. 无穷大

3. 普通灯开关及配电箱中心距地面的垂直高度应为(　　)。

A. 1.3 M　B. 1.5 M　C. 1.0 M　D. 1.2 M

4. 在低压供电系统中,(　　)用大地作零线。

A. 可以　B. 不要求

C. 禁止　D. 以上答案都不对

5. 线管内导线(　　)有接头,(　　)穿入绝缘破损经包缠恢复绝缘的导线。

A. 不准、也不准　B. 准、不准

C. 不准、准　D. 以上答案都不对

6. 一般根据穿管导线的总截面积(包括绝缘层),不应超过线管内径截面的(　　)来选择。

A. 40%　B. 60%　C. 100%　D. 30%

7. 电气设备应设有防雷、防静电装置,接地装置要求接地电阻不大于(　　)Ω。

A.2　B.5　C.10　D.20

8. 配电盘内的断路器保险丝的熔断电流通常为额定电流的(　　)倍。

A. 1.0~1.5　B. 1.5~2.0　C. 2.0~3.0

9. 配电箱内漏电动作时间保证不能少于(　　)秒。

A. 0.1　B. 0.5　C. 1　D. 0.01

10. 热继电器常用于保护一般工业中交流电动机在(　　)运行和起动过程中的运转。

A. 短期或连续　B. 长期或断续　C. 短期或断续　D. 长期或连续

11. 热继电器常作为一般企业中运转交流电动机(　　)保护。

A. 过压　B. 欠压　C. 过载　D. 欠载

12. 时间继电器的特点是当它接收到信号后,(　　)使其触头动作。

A. 立刻　　B. 经过延时

C. 经过时间设定　　D. 以上答案都不对

13. 交流接触器是接通和断开电动机负荷电流的一种控制电器,一般交流接触器的额定电流按电动机额动电流的(　　)倍选择。

A. 2~3　　B. 1.3~2

C. 3~5　　D. 以上答案都不对

14. 接触器的接通与分断能力指接触器主触头在规定条件下可靠接通和分断的(　　)电流值。

A. 最大　　B. 最小　　C. 负载　　D. 额定

15. 接触器的操作频率指接触器(　　)操作次数。

A. 每秒　　B. 每分钟

C. 每小时　　D. 以上答案都不对

16. 接触器额定电流指主触头在正常工作条件下允许通过的(　　)电流。

A. 负荷　　B. 最大

C. 最小　　D. 以上答案都不对

17. 根据用途接触器的触点分主触点和辅助触点两种。辅助触点常接于电动机的控制回路中,通过电流较(　　)。主触点一般接电动机的主回路中,通过较(　　)电流。

A. 大、小　　B. 小、大　　C. 小、小　　D. 大、大

18. 熔断器在熔丝选择时,电流熔断值选(　　)了,该熔断时断不了,起不到保护作用。

A. 大　　B. 小

C. 忽略　　D. 以上答案都不对

19. 熔断器熔丝的选择要合适。电流熔断值选(　　)了,无法避免电机起动的电流冲击,保证不了线路供电,电动机无法正常运转。

A. 大　　B. 小

C. 忽略　　D. 以上答案都不对

20. 电器中触头在使用过程中,因磨损会越来越薄,当剩余部分为原厚度的(　　)左右时,应更换新触头。

A.1/5　　B.1/4　　C.1/3　　D.1/2

21. 电器中动、静触头间的(　　)直接关系到触头的发热程度。

A. 接触电阻的大小　　B. 空隙

C. 平滑程度　　D. 表面洁净

22. 电气原理图中的主电路中电源电路用(　　)绘制，受电动力设备(电动机)及其保护电器(如熔断器、热继电器的驱动元件)支路，应(　　)于电源电路画出。

A. 水平线、垂直　　B. 线、水平　　C. 垂直线、水平　　D. 垂直线、垂直

23. 电气原理图是(　　)电器元件实际安装位置和实际连接情况的线路图。

A. 按照　　B. 考虑　　C. 设计　　D. 不考虑

24. 设备电气控制系统由许多(　　)按一定要求联接而成，实现对设备的自动控制。

A. 开关　　B. 接触器　　C. 电器元件　　D. 按钮

25. 任何复杂的电气控制线路，都是由(　　)的基本环节按需要组合而成的。

A. 比较简单　　B. 复杂　　C. 简单　　D. 比较复杂

26. 电气设备安装时，所用塑料穿线槽配线的特点之一：配线所用导线的数量(　　)。

A. 与明配线一样　　B. 较少　　C. 较多　　D. 与暗配线一样

27. 电气设备安装时，所用塑料穿线槽配线的特点之一：调整元器件时，对线路构成的完整性(　　)。

A. 可靠　　B. 有损　　C. 有影响　　D. 无影响

28. 电气设备安装时，安装板四周都有固定在底板上的塑料穿线槽。槽中空间容纳导线，缺口供导线(　　)用。

A. 进出　　B. 散热　　C. 检查　　D. 维修

29. 电气设备安装时，保护地线所用的导线颜色为(　　)。

A. 蓝色　　B. 红色　　C. 白色　　D. 黄绿双色

30. 电气设备安装时，零线所用的导线颜色为(　　)。

A. 浅蓝色　　B. 红色　　C. 双色　　D. 白色

31. 电气设备安装时，要用(　　)颜色的导线来区别主电路、控制电路和地线。

A. 相同　　B. 不同　　C. 设计要求　　D. 不考虑

32. 电气设备安装时，控制电路一般采用的(　　)单股塑料铜芯线。

A. 5 mm^2　　B. 2.5 mm^2　　C. 1.0 mm^2　　D. 根据负载电流

33. 电气设备安装时，主电路的连接线一般(　　)单股塑料铜芯线。

A. 根据负载电流选择　　B. 选择 5 mm^2

C. 选择 2.5 mm^2　　D. 选择 10 mm^2

34. 电气设备安装时，根据(　　)，清点电器元件。查种类、数量、型号规格及元件功能是否正常参数。

A. 电气清单　　B. 设备接线图　　C. 电气原理图　　D. 电器布置图

35. 金属屑和油污易进入电动机、控制电器柜和电气线路中，会造成(　　)不良。

A. 吸合能力　　B. 分断能力　　C. 端子连接　　D. 触头接触

36. 金属屑和油污易进入电动机、控制电器柜和电气线路中，会造成电气(　　)下降。

A. 设计要求　　B. 负载电流　　C. 电源电压　　D. 绝缘电阻

37. 电气设备的维护时，要在(　　)防止绝缘受潮漏电。

A. 冬季　　B. 雨季　　C. 春季　　D. 旱季

38. 电气设备的维护要(　　)对电动机进行中修和大修等。

A. 不定期　　B. 经常　　C. 定期　　D. 无要求

39. 电气设备的维护时，要特别常清除电器元件上的如(　　)导电性能的物质。

A. 铁粉　　B. 木渣　　C. 水渍　　D. 塑料粉

40. 电气设备的维护时，检查接触器的(　　)是否良好。

A. 电磁线圈　　B. 固定螺栓　　C. 触头接触　　D. 外观

41. 电气设备的维护，一般对熔断器的选用是(　　)。

A. 越大越好　　B. 越小越好　　C. 按正确标准　　D. 参考电器

42. 滑线电阻使用时，无论接成什么应用电路，都应使通过其各段电阻上的(　　)都不超过额定值。

A. 电源　　B. 电压　　C. 电流　　D. 最大值

43. 测电阻时，将万用表转换开关旋转至某一电阻测量档，检查并进行(　　)调整。

A. 零欧姆　　B. 零电流　　C. 零电压　　D. 无需

44. 线性电阻元件的阻值不随其电压或电流改变，其伏安特性在 U-I 平面上是一条(　　)。

A. 曲线　　B. 抛物线　　C. 直线　　D. 过原点的直线

45. 例如当量程为 100V 准确度为 0.5 级的电压表指针，指在 90V 处，则应读作(　　)V。

A. 90.0　　B. 90　　C. 90.5　　D. 90.1

46. 正确读取测量仪表的有效数字。例如量程为 100V、准确度为 0.5 级的电压表在规定的正常工作条件下测电压，它可能产生的最大绝对误差为(　　)。

A. ±5V　　B. ±1V　　C. ±0.2V　　D. ±0.5V

47. 直流电源均(　　)悬空，故可通过将“-”或“+”端接地，以获得正电位或负电位。

A. 0.9　　B. 对地　　C. 0.3　　D. 0.28

48. 直流电源从标有(　　)的两个接线端之间输出。

A. “A”和“B”　　B. “A”和“N”　　C. “+”和“-”　　D. “A”和“地”

49. 在电气工程实习室实习时，只有根据接线图并在所有接线全部接好，指导教师(　　)方可合上电源。

A. 未检查　　B. 未允许　　C. 认可　　D. 忽略

50. 电气工程实习室提供的交流 A、B、C 三相电源由一把三相(　　)开关控制，并有电源指示灯显示。

A. 断路　　B. 断路带漏电保护的

C. 拨动　　D. 刀闸